シバイヌ主義

ぼくたちは、
ダンコとしてシバイヌです

はじめに

柴犬には、洋犬とは違う独特の〝間〟があります。
日本人にはとても心地よく感じるこの〝間〟こそが、
柴犬を柴犬たらしめているといえましょう。
最近では、国内のみならず海外でも
柴犬のトリコになる人が増えてきているもよう。
この本では、そんな柴犬ならではの特性を
「柴犬による柴犬のためのスローガン」
として掲げました。その数、48(シバ)。
48のスローガンとともに、柴犬の魅力を
ひとつずつひも解いていきたいと思います。

CONTENTS

はじめに……002

1章 柴犬の本質

01 人に聞くな、本能に聞け……008
02 人間と書いてトモと読む……010
03 タフでなければ柴犬ではない……012
04 野山、坂道、なんのその……014
05 きつねもたぬきも柴のうち……016
06 赤、黒、白、胡麻。いずれもよし……018
07 明けぬ夜はない。抜けぬ毛もない……020
08 頑固一徹！　譲りません、勝つまでは……022
09 甘えんぼうだ。ツンデレだ。それが柴犬だ……024
10 思い立ったが猛ダッシュ……026
11 本能のままに飽きろ……028
12 ルーティンワークこそ、日々の礎……029
13 サービス残業はしない主義……030
柴犬のいろは……032

2章 柴犬のこだわり

14 尻振り合うは多生の縁……038
15 追って自身の尾をかめよ……040
16 トイレは外派……042
17 雨にも負けず、風にも負けず……044

3章 柴犬のプライド

18 柴も歩けば水にはまる……045
19 寝床にはとことんこだわるべし……046
20 追わざるもの、柴犬にあらず……048
21 ゴロッと鳴ったら凶事の兆し……049
22 仕事も遊びも全力投球……050
23 ここ掘れワンワン、涼をとれ！……052
24 ごはんは質ではない。回数である……053
もっと知りたい！ **柴犬にまつわるウワサを解明！**……054
25 利のないものに従うなかれ……060
26 命令に従う一兵卒でなく、自ら考える将校たれ……062
27 なでてと尾を振る義理はなし……064
28 君子ブラシに近寄らず……066
29 動かざること山のごとし……068
30 先手必勝、吠えるが勝ち……070
31 断じて医者の敷居またがず……072
32 オレのものはオレのもの……074
33 聞こえぬのではない、聞かぬのだ……076
34 気がのらぬ日は無理をしない日……077
35 そこに物があるから……078
36 強がりの仮面をかぶって本気がみ……079

4章 柴犬の社交術

37 初対面は礼節第一……080
38 諦めの悪い犬になろう……082
39 仮病も柴犬のたしなみ……083
もっと知りたい！ **柴犬と心を通わせるための3か条**……084
40 「柴距離」を心得よ……088
41 ごあいさつ、お尻とお尻でお知り合い……090
42 かんで深まる仲もある……092
43 ケンカは売るな、波風は立てるな……094
44 開いた口はハッピーのしるし……098
45 つねに場の主役であれ……100
46 子どもには近づくべからず……101
47 されるがままは信頼のあかし……102
48 人は柴犬のために、柴犬はあなたのために……104

SHIBA COLUMN
柴犬のココが好き！……034
柴飼いさんのうちの子自慢！……056
代表的なカーミングシグナル……096

SHIBA CHART
もしもあの柴が社会人だったら？……106

1章 柴犬の本質

〝柴犬とはすなわちハードボイルドである〟!?
柴犬の魅力やルーツ、
性格にまつわる13のスローガン。

01
柴犬の本能

人に聞くな、本能に聞け

柴犬はとても賢い犬種です。そういうと、「プードルやボーダーコリーのほうが賢いって有名だよね?」なんて声が聞こえてきそうですね。しかし、柴犬の賢さはこれらの犬種とは違うところにあります。プードルなどの賢さが「飼い主さんの指示通りに動ける」というものであるならば、**柴犬がもつのは、「判断力・発想力が高い」という意味での賢さ**なのです。

柴犬はもともと、「鳥獣猟《ちょうじゅうりょう》犬《けん》」として活躍していた犬種。狩りのパートナーとして、自らの判断のもと、猟師とともに獲物を追い立てていました。狩りを成功させるには、状況に応じて瞬時に決断を下し、行動する必要があります。柴犬には、それを成し得る発想力があるのです。

……と、柴犬のすごさをお伝えしましたが、**忘れてはならないのが「柴犬の判断力は本能的なもの」だということ。**柴犬の思考は、とっても単純。眠くなったらすぐ寝る、行きたい方に即歩きだすなど、「思うまま」に行動する柴犬が多いのも、単純さが大きな理由。それこそが、柴犬の魅力のひとつであり、少々困った点でもあります。

02
柴犬のルーツ

人間と書いてトモと読む

柴犬の歴史をひも解くには、時代を約1万年前、縄文時代までさかのぼる必要があります。犬は当時から「コンパニオンアニマル」として、人間とともに行動していました。それは、この時代の地層から、ていねいに埋葬された犬の骨や、治療の痕跡がある犬の骨が見つかっていることからも明らかです。犬は縄文時代の人間に、とても大切に扱われていたのでしょう。

とはいえ、縄文人たちもただでお世話をしていたわけではありません。その関係性は、まさに「ギブアンドテイク」。犬は、食糧を分けてもらう代わりに、狩猟を手伝ったり、集落に外敵が近づいたとき、吠えて人間に知らせたりする役割を担っていました。ちなみに、この時代の犬の骨を見ると、体のサイズこそ現代の柴犬に近いですが、その骨は現代よりも太く、たくましい体つきだったようです。

その後、明治時代に入るまでは、日本が島国であることも幸いし、**柴犬は海外の犬と血が混合することはほぼなく、日本古来の犬として定着**してきました。そして、縄文時代と変わりなく、時には猟犬として、時には番犬として、日本人のそばにあり続けたのです。

03
柴犬の
性質

タフでなければ柴犬ではない

柴犬と洋犬の違いはいくつもありますが、「人為的な改良が加えられていない」というのが大きなポイントになります。それはすなわち、**日常生活において、人間の手を必要とせずとも生き抜ける**ことを意味しているのです。

たとえばプードルは、毛が伸び続けるため、定期的なトリミングが欠かせません。ブルドッグはマズルが短いため、暑さにとても弱く、また自力での出産が難しいことから、帝王切開がなされることがほとんどです。

その点柴犬は、人間による改良がなされず、日本で過ごしやすいよう自然と順応してきた犬種。**柴犬の体には、四季をのりこえるための換毛**（21ページ）、**丈夫な足腰、蒸れにくくて汚れづらい、顔まわりや耳の短い毛など**、人間が手をかけずとも生き抜ける要素がたくさん詰まっているのです。**かかりやすい病気も少ないことから、丈夫で飼いやすい犬種**といえるでしょう。

04
柴犬のパワー

野山、坂道、なんのその

柴犬は、小さな体からは想像できないほどエネルギッシュ！身体能力が高く、運動するのが大好きで、ひとたび走りだせば、でこぼこした山道や急な坂道もなんのその。颯爽《さっそう》と走り回ります。そのため、散歩が好きな柴犬は多く、なかには悪天候でも平気で外に出たがる子もいるほどです（44ページ）。

……と、察しのよい方であればお気づきかもしれませんが、それはつまり、その運動に飼い主さんも付き合わなければならない、ということ！ **柴犬の散歩時間の目安は、1日2回、それぞれ30分〜1時間程度。**そのため、「柴犬と暮らしはじめて運動不足が解消した」という飼い主さんもたくさんいるよう。実際、ジムに通っている人より、犬を飼っている人のほうが平均的な運動量が多い、というデータもあるほどなんですよ。

のぼりも余裕！

05 柴犬の顔

きつねもたぬきも柴のうち

人間と同じく、柴犬の顔も個体によって、目鼻立ちやパーツのバランスはさまざま。また、人間の顔を「〇〇顔」と分けるように、柴犬の顔もふたつの系統で分けられることがあります。それが「きつね顔」と「たぬき顔」です。**面長でシャープな印象をもち、いわゆる「美人」なのがきつね顔**。反対に、**面立ちが丸く「かわいい」顔立ちなのがたぬき顔**です。

では、きつね顔とたぬき顔の違いはどこにあるのでしょう？　目の大きさや毛量、骨の張り方の違いもありますが、何より「ストップ」の深さが大きく関係しています。ストップとは、目と目の間の、額から鼻筋にかかる部分のこと。**ストップが浅く、横顔がへいたんに近い場合はきつね顔**に、**ストップが深く、鼻と額がきっちり分かれて見える場合はたぬき顔**になるのです。

どちらにも違った魅力がありますが、ここ最近の〝飼い主人気〟は、たぬき顔に軍配が上がります。ちなみに、「天然記念物柴犬保存会」では、きつね顔の柴犬をよしとしているそう。視点によって、魅力的に見える顔は変わるものなのですね。

※天然記念物柴犬保存会……縄文時代の遺跡から見つかった、日本古来の犬に近い資質をもった犬を保存する目的で、1959年に創立された。

【柴犬の顔の見分け方】

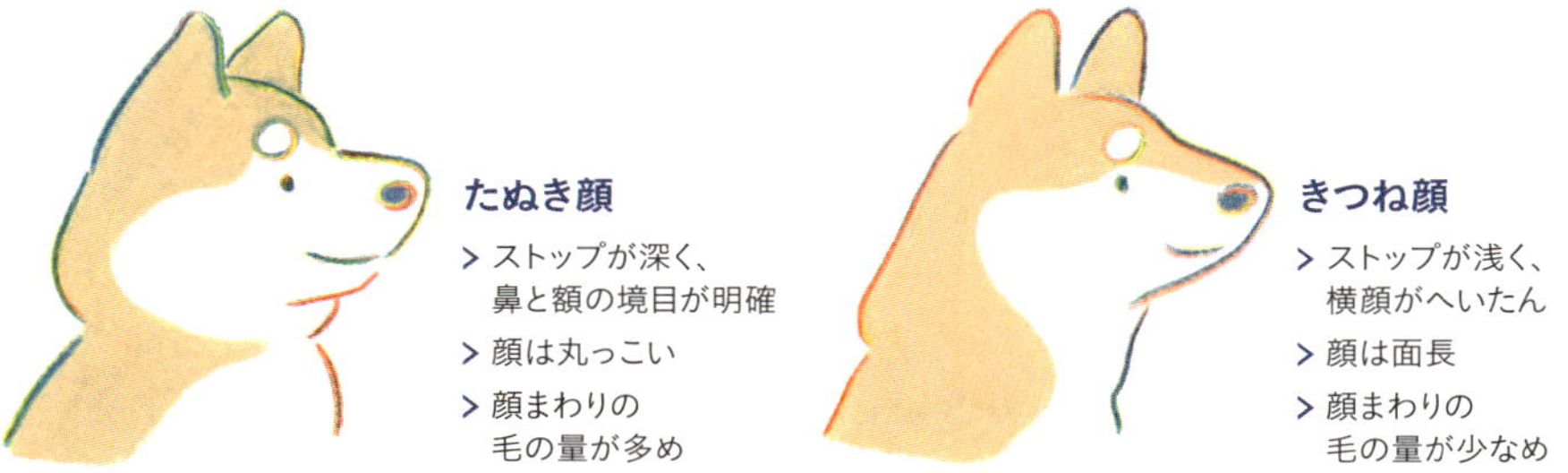

たぬき顔
> ストップが深く、鼻と額の境目が明確
> 顔は丸っこい
> 顔まわりの毛の量が多め
きつね顔

> 顔は面長
> 顔まわりの毛の量が少なめ

06
柴犬のカラー

赤、黒、白、胡麻。いずれもよし

【柴犬の4カラー】

赤柴
ひと言で「赤柴」といっても、淡い赤から濃い赤まで、色合いはさまざま。もっともポピュラーな色で、柴犬全体の約8割を占めています。

黒柴
光沢がない、〝いぶし銀〟な鉄サビ色の毛が理想的とされています。目のまわりや耳の内側などに、淡い赤色の毛が混じっているのが特徴です。

白柴
最近人気が高まってきた、全身が真っ白のカラーです。まだ正式に認められた毛色ではありませんが、いっしょに暮らすうえではまったく問題ありません。

胡麻柴
赤、黒、白が混ざり合ったような色で、飼育頭数はとても少なめ。全体を見たとき、赤が多い子は「赤胡麻」、黒が多い子は「黒胡麻」と呼ばれます。

柴犬として、多くの人が真っ先に思い浮かべるのが茶色の毛ではないでしょうか。**日本犬の場合、茶色の毛は赤毛と表現され「赤柴」と呼ばれます。**

次に多いのが黒毛の「黒柴」です。海外の人気歌手が飼っているのも黒柴で、アメリカでは一時期、もっとも人気のカラーだったそう。ほか、白毛の「白柴」、赤毛と黒毛が混ざったような「胡麻柴」も存在します。

どの毛色にも、両ほほからあごの下、お腹にかけて白っぽくなる、「裏白」があります。

07 柴犬の毛

明けぬ夜はない。抜けぬ毛もない

柴犬をはじめとする日本犬には換毛があります。換毛は、四季がはっきりと分かれる日本で、柴犬が快適に過ごすためになくてはならないものです。

犬の被毛には「シングルコート」と「ダブルコート」の2種類があることはご存知ですか？　柴犬は、後者のダブルコートに属します。抜け毛があるダブルコートのなかでも、柴犬はもっとも毛が抜ける犬種のひとつ。柴犬には、激しい四季の変化、とくに冬の厳しい寒さから皮膚を守るためのアンダーコートがたっぷり生えているのです。季節の変わり目になると、このアンダーコートが大量に生え換わります。1回の換毛期に抜けた毛を集めると、柴犬自身の3～4頭分の大きさにもなるとも！

ただし、現在は室内飼育で、室温が1年中ほぼ一定に保たれているため、「換毛期」が明確ではなく、1年中だらだらと抜け続ける子もいます。

【犬の毛質の違い】

ダブルコート

オーバーコートとともに、保温などの役割をもつ短い毛、アンダーコートが生えている。定期的に大量の抜け毛がある。

※日本犬やコーギーなど

シングルコート

ひとつの毛穴から、皮膚を守るためのオーバーコートが1本だけ生えている。抜け毛は少ないが、定期的なトリミングが必要。

※プードルやマルチーズなど

08 柴犬の性格

頑固一徹！ 譲りません、 勝つまでは

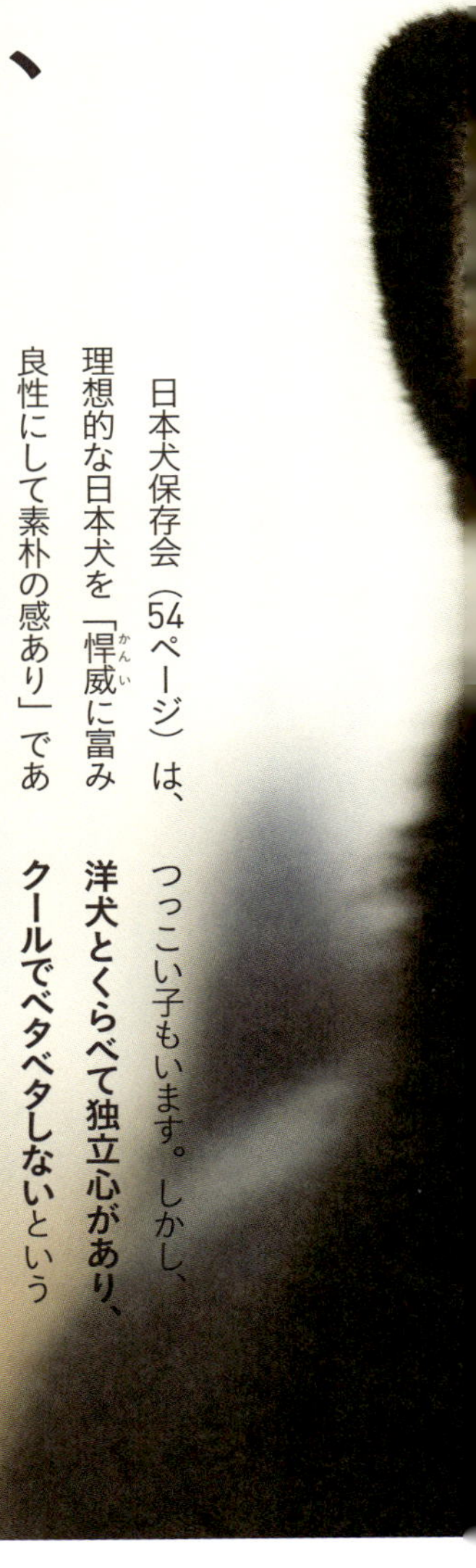

　日本犬保存会（54ページ）は、理想的な日本犬を「悍威《かんい》に富み良性にして素朴の感あり」であると提唱しています（一部抜粋）。
　ひとつずつ解説しましょう。「悍威」は勇敢でたくましい精神力をもつこと。「良性」は忠実で忍耐力があり、強い警戒心をもつこと。そして「素朴」は、素直で飾り気のない気品をもつことです。柴犬が、番犬として重用されたのもうなずけますね。
　とはいえ、**現代の柴犬は、個体差や育った環境によって、性格も多種多様**。「これぞ日本犬！」、という勇敢で警戒心が強い子もいれば、大らかで人なつっこい子もいます。しかし、**洋犬とくらべて独立心があり、クールでベタベタしない**という特徴は、ほとんどの柴犬に当てはまります。また、意志が強く、とっても頑固！自分が「こうだ！」と決めたことはなかなか曲げず、貫き通す一面があります。そのため、「愛犬とはずっといっしょにいたいし、甘えてほしい！」という人より、「愛犬の自立心を見守り、適度な距離感で接したい」という飼い主さんにぴったりの犬種といえるでしょう。

強い意志が
あるのだ（キリッ）

09
柴犬の
性格

甘えんぼうだ。ツンデレだ。それが柴犬だ

　個体差はありますが、オスとメスは性格の傾向に違いがあります。比較してみましょう。
　オスは、意識が〝外〟に向きがちです。活発な子が多く、アクティブなので、いっしょに遊びたいという人にはぴったり！　**ヤンチャで甘えんぼうなので、飼い主さんにべったりなつくことも多い**です。ただし、性成熟を迎えると興奮しやすくなり、ほかの犬との触れ合いを拒絶することもあります。
　反対に、メスは意識が〝内〟に向きやすい子が多いです。そのため、自分の居場所を守ろうとする気持ちから、警戒心が強め。**独立心があり、飼い主さんとはほどよい距離感を保とうとします。**性格は穏やかで、相手の気持ちをくみとることに長けています。

10
柴犬のスイッチON

思い立ったが猛ダッシュ

柴犬には「やる気スイッチ」があります。なんのこっちゃ、と思う人もいるかもしれませんが、彼らと接したことがある人なら、一度は突如として柴犬のテンションが上がり、ハッスルする姿を見たことがあるのではないでしょうか。

それはたとえば、「さっきまで寝ていたのにいきなり走りだした」だったり、

てやんでいっ

「抱っこ中、急に暴れだした」であったりします。

柴犬は、〝ガッ〟と火がつきやすい、「江戸っ子」のような気質の犬種。つまり、何かを考えてから行動に移すまでが、とても早いのです。それは、鳥《ちょう》獣猟《じゅうりょう》犬《けん》として、不測の事態を本能的な直感でのりこえていたことが、少なからず関係しているのでしょう。

ぼーっとしていたとしても、スイッチが入ったらただちに起き上がり、行動を開始します。接している人間としては驚いてしまいますが、それも柴犬の個性のひとつだと思って、あたたかく見守ってください。

本能のままに飽きろ

やる気スイッチをもつ柴犬には、当然「飽きスイッチ」もあります。たとえば、「夢中になって遊んでいたのに、急にやめて寝てしまう」とか、「ボールを追いかけていたのに、飽きてほかのことをはじめてしまう」などの光景は、柴犬にとっては日常茶飯事といえるでしょう。

柴犬が、自分自身でものごとを決められる犬種だからこその飽きっぽさ。〝柴犬らしさ〟と思えば微笑ましいですね。

12
柴犬の方針

ルーティンワークこそ、日々の礎

　柴犬は、とても保守的な犬種です。クレートや、食事、散歩コース、排せつ場所にいたるまで、自分が決めた〝もの〟や〝行動〟をできるだけ守ろうとする傾向があります。28ページでは飽きっぽいとお伝えしましたが、それはそのときどきのテンションが、という意味。**根っこの部分では、日々のルーティンを大切にし、新しいものごとを受け入れるのに時間がかかる子が多い**のです。神経質な柴犬にとって、〝同じ〟であることは何よりも安心できるのでしょう。

　とはいえ、柴犬をとり巻く環境はめまぐるしく変わるもの。与えていたフードが廃番になったり、いつもの散歩コースが使えなくなったりすることもあるでしょう。急な事態に慌てないよう、日ごろからいろいろなことを経験させたいものですね。

　なお、幼いころからいろいろなものと接してきた柴犬は、新しいものをすんなりと受け入れられる傾向があるようです。

13
柴犬の
方針

サービス残業はしない主義

人間との歴史において、柴犬に求められていたことを挙げてみましょう。まずは、鳥獣猟《ちょうじゅうりょう》のパートナーとしての役割。これには、狩猟を手伝うことで獲物を分けてもらえるというメリットがありました。次に、番犬としての役割。こちらは柴犬の「安心できる場所を守る」という習性を利用したもの。柴犬は自分のテリトリーを守ることができ、さらにご褒美をもらえるという利点があります。

つまり柴犬は、何かしらの対価を得るために人間と行動をともにしていた犬種なのです。洋犬のなかには、飼い主さんの指示に従い、褒められることに喜びを感じる犬種もいますが、柴犬には当てはまりません。**柴犬の本質は〝ビジネスライク〟**。賢い犬なので、まずは何か利益があるかをチェック！　それから行動に移すかどうか判断します。「あなたが喜ぶなら無償でも」という〝サービス残業〟的な概念を持ち合わせている柴犬は少ないようです。

柴犬のいろは

THE "A B C" of SHIBA-INU

凛々しさと素朴さをもつ日本人になじみ深い犬

柴犬は、日本人にとってもっともなじみ深い犬種のひとつ。近年、海外での人気が後押しし、日本でも空前の柴犬ブームが起きています。ところが柴犬は、人と暮らしやすいように改良された洋犬とは少々性質が異なります。柴犬をより深く知るために、基本のデータをおさえておきましょう。

ピンと立った三角形の耳、凛々しくも素朴な顔立ち。野生味にあふれ、小柄ながらたくましい体つきをしています。なお、個体差もありますが、寿命は15年くらいです。

柴犬の体のヒミツを大解剖！

日本犬のなかでは唯一の小型犬で、標準体重はオスが9〜11kg、
メスは7〜9kgが理想だとされています。

体

からだ / Body

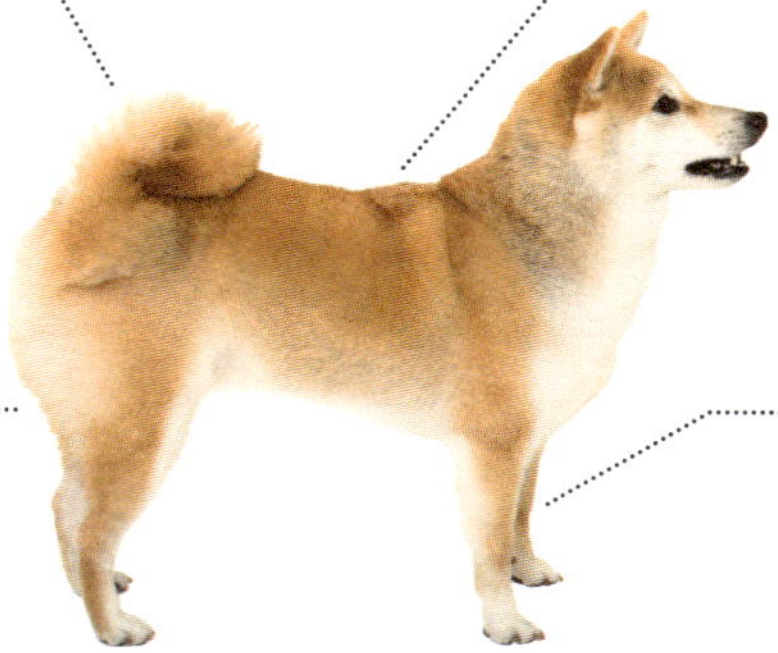

尾

お / Tail

巻《ま》き尾《お》がもっとも多いが、差《さ》し尾《お》、太刀《たち》尾《お》をもつ柴犬もいる（40ページ）。

被毛

ひもう / Hair

トップコートとアンダーコートをもつ、「ダブルコート」。目の上や顔まわり、あごの下、胸などが白くなる「裏白」が特徴的（19ページ）。

背中・腰

せなか・こし / Back・Waist

背中から腰、尾の付け根までのラインが真っすぐになる。

四肢

しし / Limbs

前脚は胸、後ろ脚は腰と同じ幅。筋肉が発達していて、野山や坂道も颯爽《さっそう》と走れる。

顔

かお / Face

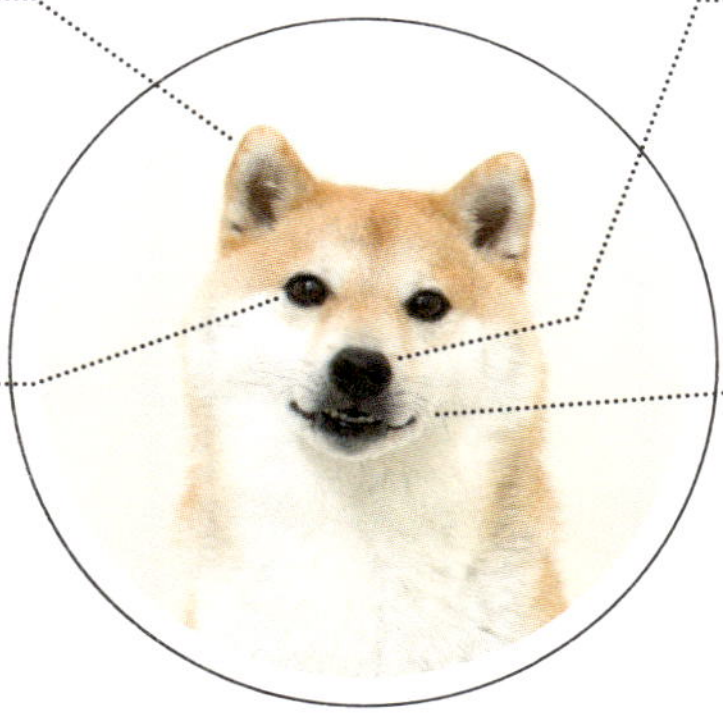

耳

みみ / Ears

立ち耳で、小さい三角形。やや前傾し、ピンと立っている。

目

め / Eyes

目尻がややつり上がった、丸みを帯びた三角形。濃い茶褐色が理想的だとされている。

鼻

はな / Nose

基本は黒いが、白柴は黒みがかった褐色。ほんのり湿っている。

口

くち / Mouth

上下の唇が真一文字に引き締まっている。丸みを帯びているのが特徴。

SHIBA COLUMN

柴犬の
ココが好き!

柴犬好きがふだん考えていたり、
柴飼いさんがついやってしまう
12の「あるある」を大発表します。

あるある

お尻のかわいさは世界一だと思う。

ぷりっとしたフォルム、もふもふの毛、丸見えのお尻の穴！
柴犬のお尻は、どんな犬種&動物よりもかわいいのです♥

あるある

笑顔の素晴らしさで並び立つものはないと思う。

目を細めて口角を上げ、にっこり。柴犬のにこにこ笑顔を見ていると、悩みも吹っ飛んじゃうもの。世界を平和にする笑顔ですね♪

あるある

あご乗せがこの世でいちばん決まる犬種だと思う。

あごを机や飼い主さんの足などに乗せる、このしぐさ。マズルまわりの皮膚がムニッとなって、かわいすぎる……！　お尻と笑顔同様、こちらも世界一に（勝手に）認定!!

あるある

耳だけでもこちらに向けてくれた。それだけで幸せ。

「ツン」モードのときは、呼びかけになかなか応えてくれないことも。でも、耳がこちらを向いていれば、飼い主は満足なのです。

あるある

冷たくされた、それがいい。

楽しく遊んでいたのに、フイッとどこかに行ってしまう。だけど、悲しくありません。だってそれこそが柴犬なんですもの……！

あるある

洋犬のうなり顔は甘すぎると思う。

トイ・プードルやチワワがうなってる？ そんなの、怒っているうちに入りません。もっとすごい顔、よく見ていますから！

えっ怒ってるの？

あるある

犬用の服がぴちぴち。小型犬なのになぁ。

小型犬ですから、犬用の服はもちろん小型向けをチョイス。胸囲、丈長はピッタリなんだけど、首・肩まわりがぴっちぴちになります。

首が太いのよ

何かつくれるかも！？

あるある

抜けた毛はつい集めてしまう。

大量に抜ける被毛。かたまりになった毛を、なぜか集めてしまいます。ぬいぐるみの1体や2体、つくれそうなんだもの。

あんなとこにもこんなとこにも…！

あるある

どこに出かけても毛がついて回る。

会社に行っても、海外旅行に出かけても、ついて回る柴犬の抜け毛。思いもよらないところから出てくると、なんだか嬉しくなります。

あるある

「豆柴ですか？」と聞かれがち。標準体重です！

柴犬は小型犬……なんだけど、大きいイメージがあるのか、「豆柴？」って聞かれがち。たしかに15kgくらいの子、いるけど！

柴犬は小型犬なのよ〜

あるある

レトロな首輪がとても似合うと思う。

服が嫌いな子が多いためか、首輪にはこだわりが。色や柄はもちろん、素材や伸縮性もチェック！柴犬にこそふさわしい首輪を探し求めます。

おしゃれでしょ★

あるある

年配の人や工事現場のおじさんに声をかけられる率が高い。

また話かけられちゃった〜

柴犬はみんなのアイドル。なかでも、年配の方＆工事現場のおじさんからの愛がすさまじい！「昔飼ってて〜」って話を聞くところまでがワンセット！

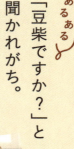

2章

柴犬のこだわり

キリリとした表情からは想像もつかない、
不思議な行動を見せる柴犬。
独特なこだわりに関する11のスローガン。

14
柴犬のお尻

尻振り合うは多生の縁

　上半身を伏せてお尻を高く上げ、耳を倒してしっぽをふりふり。これは、**犬が相手を遊びに誘うときに見られる、「プレイングバウ」と呼ばれるしぐさ。**柴犬はとくにお尻までぷりぷりと振る子が多いです。

　プレイングバウは、おもに犬同士がコミュニケーションをとるときに見られる行動です。仲のよい犬同士なら「遊ぼうよ！」という軽いあいさつ。また、初対面の犬同士なら、相手の反応を探るために行っています。

　余談ですが、人間を相手に、目を細めてにっこりと笑う柴犬がいます。**「プレイ・フェイス」とも呼ばれ、人間の笑顔を模倣したもの**だと考えられており、「あなたと仲よくなりたい」という表情。こちらが喜んでいることが伝わると、もっと見せてくれるようになりますよ。

15
柴犬のしっぽ

追って自身の尾をかめよ

自分のしっぽを追いかけてクルクルと回る行動。これは、おもにストレス解消のために行っています。追いかけるとかならず逃げ、ふにゃふにゃ動くしっぽは、柴犬にとってもっとも手ごろなおもちゃなのでしょう。

柴犬はとくに、この「尾追い」が多い犬種です。理由はさまざまですが、ひとつはしっぽが目に入りやすい形状であること。しっぽが垂れていたり、短かったりする犬種の場合、尾追いをする子は少ないのです。また、**柴犬は〝ガッ〟とスイッチが入りやすいところがあるため、衝動を発散する手段として、しっぽを追う**のでしょう。

ただし、度が過ぎると自分のしっぽを傷つけるなどの問題行動に発展することも……。その場合、「常動障害《じょうどうしょうがい》」という心の病気の可能性もあります。一時的なものであれば問題ありませんが、長く続く場合は注意が必要です。

【柴犬のしっぽの形】

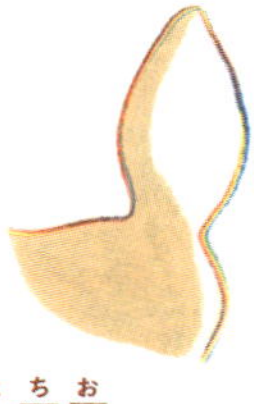

太刀尾《たちお》

太くしっかりとしていて、天に向かって真っすぐ伸びるしっぽのことです。

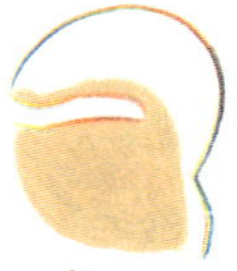

差《さ》し尾《お》

先端が体に向かってカーブしたしっぽ。巻き尾と太刀尾を足して2で割ったような形。

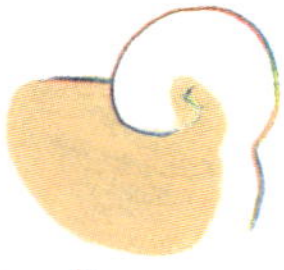

巻《ま》き尾《お》

かたつむりのように、くるりと巻かれたしっぽのこと。柴犬のほとんどがこの巻き尾をもちます。

16 柴犬とトイレ

トイレは外派

多くの犬は、食事の時間と同じくらい、散歩の時間を楽しみにしているもの。なかでも柴犬は、散歩に行きたがる傾向があります。それは、「トイレは外派」という柴犬が多いから。

現在は、犬を室内で飼う家庭が増えたこと、またマナー的な観点から、家の中で排せつできるのが理想だとされています。ですが、室内で飼われていた愛玩犬とは違い、猟犬や番犬として飼育されていた柴犬にとって、トイレは外でするもの。それに、庭先で飼われている場合、その場で排せつをすると、寝床まで汚れますよね？ **清潔を保つために、「トイレは寝床から離れた場所＝散歩中に外で」というのが習慣づいている**のです。

そもそも、犬が外でオシッコをするのは、「ここを通ったよ」というマーキングの意味合いもあります。犬が外で排せつをするのは、ごく当たり前のこと。柴犬にとって、排せつはすべて室内で、というのはなかなか難しいのが現実なのです。

＼早く外、行こっ／

17
柴犬と散歩

雨にも負けず、風にも負けず

42ページでお伝えした通り、**柴犬は外での排せつを好む犬種**。そのため、雨の日だろうと風の日だろうと、散歩に行きたがる子が多いようです。

とはいえ、柴犬もほかの多くの犬種と同じように、濡れることを嫌う性分。**野生下においては、水に濡れると体温が下がり、命に関わる危険もあるから**です。そのため、いざ散歩に出かけると、雨に濡れて悲壮感漂う表情になったり、傘に入ろうと飼い主さんの足もとに寄ってきたりする子も多いようです。

18
柴犬の
苦手

柴も歩けば水にはまる

体が濡れないよう、犬は水たまりを避けて歩きます。同じ理由で、濡れたマンホールのふたなどが苦手な子も多いはず。

しかし、**柴犬のなかには、なぜか自ら水たまりに突っこんでいく子がいます。**もちろん、好きで入っているわけではありません。柴犬は熱中すると周囲が見えなくなるところがあるので、気になるにおいを追っていたら、うっかり水たまりを見落としてしまった……というところでしょう。

19
柴犬の睡眠

寝床には とことんこだわるべし

柴犬に限らず、犬は長時間眠る動物で、**1日平均12〜14時間ほど眠るのが当たりまえ**というほど。野生環境において、**敵に襲われたときにすぐ対応できるようにつねに眠りが浅いから、夜に狩りをしていたときの名残で昼間しっかり寝る必要があったから**など、いろいろな理由が考えられます。

なかでも柴犬は、ちょっぴり神経質で不安を感じやすい性格をしています。庭先につながれて飼われていた時期が長いせいか、何かあったときにすぐ対応できるよう、できるだけ同じ環境に身を置きたがります。そのため、**寝場所、寝床にはこだわりを見せる子が多い**のです。

なかには、午前中の小休憩は机の下、昼寝はソファの上、夜はベッド、といった具合に、寝る時間帯によって寝場所を変える子も。柴犬なりにこだわりがあって使い分けているのでしょう。できるだけ好きな場所で寝かせてあげたいものですね。

追わざるもの、柴犬にあらず

散歩中、追い越していく自転車やジョギング中の人を見て、いきなり走りだす柴犬は多いもの。**猟犬として活躍していたころの名残で、逃げるものを追いかけたくなる性分**なのでしょう。

そんな柴犬の本能を満たせるのが、ボール遊び。ときには広い公園などで思いっきり走らせてあげて。ただし、「追いかけられれば満足！」という柴犬も多く、投げたボールを持ってこない、という子もいるようです。

21
柴犬の
苦手

ゴロッと鳴ったら凶事の兆し

犬の聴覚は、一般的に人間の6倍ほど。柴犬は立ち耳なので、とくに聴覚がすぐれています。そんな柴犬にとって、地響きとともに大きな音が鳴る雷は脅威《きょうい》そのもの！　雷を怖がる柴犬は、とても多いのです。

もともと山間で暮らしていた柴犬にとって、雷とともに訪れる雨は寝床を濡らす存在でもあります。そのため、**「雷＝嫌なことの前兆」と本能に刻みこまれている、という説もある**のだとか。

室内で怖がる分には大きな問題になりませんが、散歩中に雷にパニックを起こし、脱走してしまった……というケースが少なくありません。また、雷に似た、花火や太鼓の音を苦手とする柴犬も多いです。

柴犬がパニックになったときは、決して慌てず、努めて冷静になりましょう。大きな音に怯える柴犬が心強いと思えるように振るまってくださいね。

22
柴犬の遊び

仕事も遊びも全力投球

柴犬は、引っぱりっこ遊びが大好き！ **引っぱり合いは、もともと仲間と獲物を取り合うときに見られる行動**です。それが転じ、遊びのひとつになったのでしょう。

ところで、引っぱりっこ遊びのとき、ロープをくわえた柴犬が、頭をぶんぶんと振るようなしぐさをすることがあります。これは、柴犬の狩猟本能からくるもの。**振り回すのは、くらいついた獲物にとどめをさすためのしぐさ**です。また、テンションが上がりきった柴犬は、ときに「ガルル」とうなり声を上げることもありますが、怒っているわけではなく、楽しさや熱中している気持ちの表れ。

柴犬が楽しそうにしていると、こちらもついテンションが上がりますが、ここは冷静に。興奮しすぎると、本能が先立って反射的にかみつくこともあるからです。おもちゃとおやつを交換するなどして、落ちつかせて。

まだまだ
あーそぼっ

23
柴犬と穴掘り

ここ掘れワンワン、涼をとれ！

犬が地面を掘っていると、何かを埋めたり、掘り起こしたいの？　と思いがち。しかし、じつは**犬に物を埋める習性はありません。**これは、**熱くなった土の表面を掘って、ひんやりした土で涼をとるため。**とくに柴犬は日本の四季に順応して暮らしていたため、本能的に穴を掘る子が多いです。

なお、室内で穴を掘るようなしぐさをするのは、尾追い（40ページ）と同じく、衝動を発散するために行っているケースがほとんどです。

24 柴犬の食欲

ごはんは質ではない。回数である

犬は「与えられたものはすべて食べる！」という、育ち盛りの男の子のような食欲をもっています。というのも、**犬は満腹中枢が少々鈍い**のです。たとえば猫の場合、1日分のフードを置いていっても、自分で調節しながら少しずつ食べることができます。ところが犬は、**与えられたものは基本的に一気食い！　吐いてでも食べ続けるという、やっかいな一面がある**のです。猫とは違って、犬が日をまたいでお留守番できないのは、これが大きな理由。

では、犬はいかようにして食の満足感を得るのでしょうか。答えは、〝回数〟です。**同じ量のフードでも、一気に与えられるより小分けにして与えられたほうが、何倍も満足感を得られる**というわけ。犬にとって食で大切なのは、**「質より量、量より回数」**なのです。

もっと知りたい！

柴犬にまつわるウワサを解明！

知っているようで知らない、柴犬のこと。巷を揺るがす（？）ウワサの真偽に、ズバリお答え！

ホント！

ウワサ ❶

柴犬が絶滅しそうだったってホント？

柴犬をはじめとする日本犬は、大きな絶滅の危機が２回ほどありました。１度目は、弥生時代。大陸から押し寄せた弥生人は、犬を狩りのパートナーとして扱った縄文人とは違い、犬を牛や鶏と同じく、食用として扱ったと考えられているのです。このときは、わずかな数の日本犬が、山へ逃げのびることで危機をのりこえたよう。２度目の危機は、明治時代。来日する外国人が急増し、ともに連れてこられた洋犬がブームになると、日本犬のほとんどが洋犬と交配してしまったのです。

ホント！

ウワサ ❷

柴犬って天然記念物なの？

上述の通り、明治時代に絶滅の危機を迎えた柴犬でしたが、そのピンチを脱するべく、大正末期に国内の有志らが、「日本の犬を保存しよう」という運動を起こしました。有志らは、昭和３年に「日本犬保存会」を発足。日本犬の血統管理を行い、当時数少なくなっていた日本犬を保存したのです。そして、柴犬、秋田犬、甲斐犬、紀州犬、北海道犬、四国犬の６犬種を「日本犬」として登録しました。この動きに日本政府も賛同し、これら６犬種を国の天然記念物に指定したのです。

大ピンチ！

ホント!

ウワサ 3

柴犬は海外でも人気だって聞いたけど…

現在、柴犬は日本を飛び越えて、海外でも注目を集める犬種となっています。海外のセレブや世界的歌手、野球選手などが柴犬を飼っていることや、日本犬を題材にしたハリウッド映画の人気などがきっかけになったよう。現在では、アメリカをはじめ、イタリア、オランダ、ロシア、韓国、台湾といった各国で、柴犬の展覧会も開催されています。

ホント!

ウワサ 4

柴犬にも血液型があるの？

犬ならではの分類による血液型があります。さまざまな分類法がありますが、医学的には「犬赤血球抗原（DEA）」によるものが重要。日本では、判定キットを使うことで測定することができます。判明した血液型を何に使うかというと、性格診断……ではなく、輸血療法を行うとき。人間と同じように、適合する血液型でなければ、輸血を行うことはできないのです。

ウソ!

ウワサ 5

「豆柴」っていう犬種があるの？

体重5kg程度の小さめの柴犬を、「豆柴」と呼ぶことがあります。しかし、豆柴は日本犬保存会やJKC（ジャパン・ケネル・クラブ）によって定められた犬種ではなく、あくまで「規格外に小さな柴犬」です。とてもかわいいのですが、少し注意が必要な面も。もちろん健康な個体も多いのですが、近親交配を重ねられたり、ほかの小型犬と交配させられたりした子がいない、とはいえないのです。また、成犬になったら普通の柴犬と同じ大きさになった、などの売買トラブルも報告されています。

SHIBA COLUMN

柴飼いさんのうちの子自慢！

大変なこともたくさんあるけど、
やっぱり柴犬がいちばん……！
柴飼いさんたちに、愛犬との
エピソードを語っていただきました♪

Name: ゆきちゃん

MEMO

夜中、わたしや夫の布団にもぐりこんだり、しっぽをブンブン振って激しすぎるお出迎えをしてくれたりするのがかわいい！　柴犬は飼い主以外になつかないといいますが、うちの子はそんなことはなく、散歩中も人に向かって走っていってしまうほど。困っちゃうくらいです（笑）。　chunさん

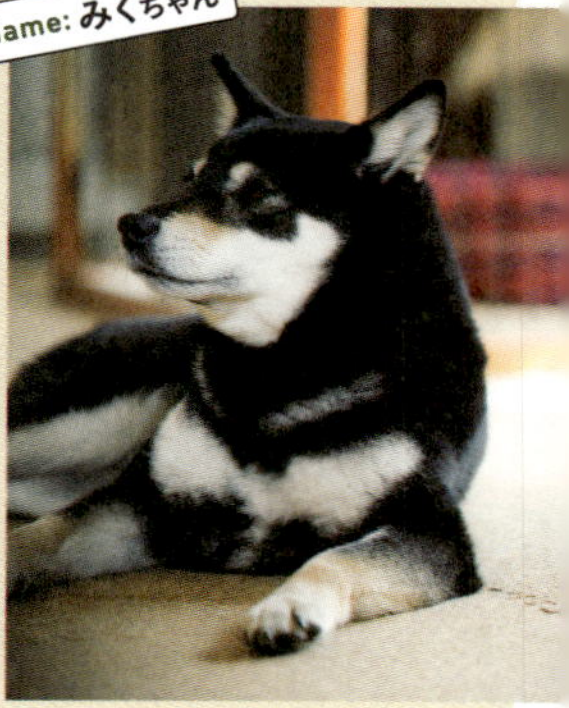

Name: みくちゃん

MEMO

お留守番が苦手なみくは、わたしたちが帰ると大喜びで体をぐいぐい押しつけて甘えてきます。でも、夜わたしと夫がテレビを見ていると、その間で寝ていたとしても、突然立ちあがり、少し離れたところでゴロン。しばらくすると、ふたりの間に戻ってきてゴロン。いつもベッタリ甘えない、マイペースなところが大好きです！　みくママさん

MEMO

人が大好きで警戒心が薄く、番犬的ではないだいふくですが、たまに柴犬らしい一面が垣間見えます。気乗りしないときは呼んでも来ないのに、飼い主がテレビに集中しはじめると、自ら寄ってきて邪魔してきます。そんな柴犬らしい気まぐれで勝手なところが愛しいです。　だいふくママさん

Name: めろんくん

MEMO

めろんは穏やかでやさしくて、無邪気でかわいい子。反面、とてもビビりで怖がりさんです。これまで、どうしたら仲よく暮らせるかをお互いに考え、それを合致させながら、年齢を重ねるごとに絆を深めてきました。だから、いつだって「今のめろんがいちばん好き！」だと思うんです。　あちゅこさん

Name: だいふくくん

MEMO

子どものころから柴犬が大好きで、3代目として迎えたきなこ。洋犬のように陽気ではなく気難しい和犬ですが、たまに見せてくれる甘えたしぐさにメロメロになります。凛としたフォルム、ブレない性格、そんな柴犬の魅力のトリコです。部屋や服が毛だらけになろうとも柴犬飼いはやめられません！

かおりんさん

MEMO

我が家のひとり娘、黒柴のこたつは「超ツンデレ」な性格です。飼い主や近しい身内には鼻を鳴らして甘えるくせに、そうでない人に対してはかなりの塩対応です。初対面の人からはほぼおやつを食べません。いちばん難易度が高いのはなでること。手を伸ばしても、ひらりひらりと避けて絶対に触らせないんです。

ヒロさん

MEMO

赤柴ゆりあは保護犬で警戒心が強く、人にまったく心を開きませんでした。しかし、先住犬の黒柴けんしろうをひと目見た瞬間から、まるで神様のように慕い、兄妹として寄り添い合って過ごすように。人の温もりを教え妹の社会化を見守った兄のやさしさと、兄への一途な想いにあふれた妹の姿に、とても胸打たれます。

千葉弘美さん

MEMO

先代の雑種犬が亡くなった後にやって来たのがりゅうじです。意志が強く媚びませんが、精一杯空気を読み、人間を気遣うやさしい心をもっています。一方で、プライドや独占欲が強く、誰彼構わず愛想よくする器用さもないので、気難しいと誤解されることも。でも、長く付き合うほどに、その独特の人間臭さに引きこまれます。

ゆきさん

Name: ひよりちゃん

MEMO

柴犬を飼うのが夢で、ひよりと出会い「夢が叶った！」と思ったのも束の間、おてんばで最初の１か月は大変でした。今ではそんなこともあったなと懐かしく思うほど、いい子になってくれました。ボール遊びが大好きで内弁慶、ワンコよりも人間が大好きな、いつもにこにこ笑顔のひよりとわたしたちです。

ゆもこさん

MEMO

ゆうは、ひざの上でなでられることが大好きな甘えんぼうです。同居猫とはきょうだいのように育ち、ケンカもせず穏やかに暮らしています。室内排せつの訓練に日々苦労していますが、それ以外とくに困ったことはなく、やさしい性格のゆうに毎日癒されています。

ゆうとろさん

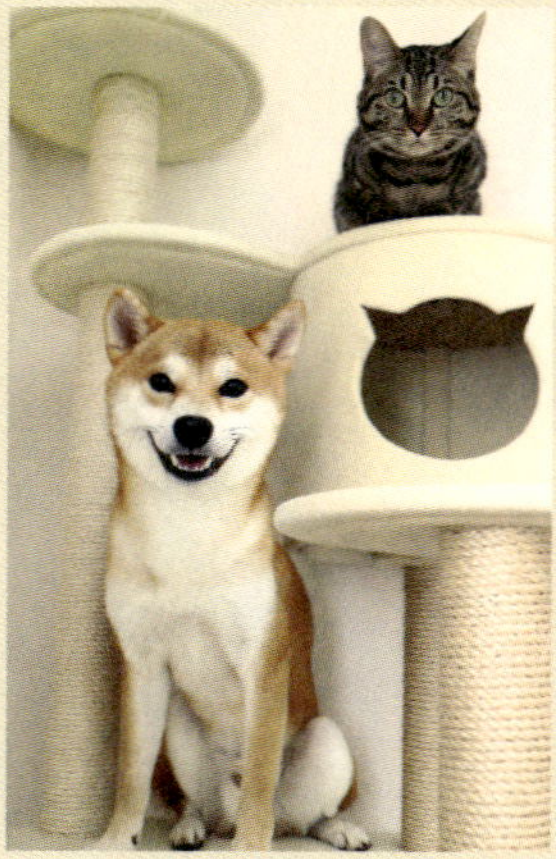

Name: ゆうくん

Name: くるみちゃん

MEMO

下町暮らしの柴犬くるみ。ぼんやりした性格で、小さいころからお散歩嫌い。それなのにトイレは外派なため、散歩の時間になると毎回隠れて大さわぎ！　狭いところが好きで、カートでの散歩は大好き。猫みたいな性格で、とてもかわいい大切な家族です。

kurukurukurumiさん

MEMO

ショップで一目惚れしてお迎え。人（とくにイケメン）が大好きで、甘えじょうず。おバカな面も、かわいくて仕方ありません。お尻を押しつけて寄り添うところもたまらない！　柴犬の意外な一面を見せてくれるチャーミーは、わたしたちの心を癒してくれる、大切な家族です。　まいひなさん

Name: チャーミーちゃん

3章

柴犬のプライド

しばしば飼い主さんを困らせる、
柴犬の〝昭和のオトーサン〟的側面。
それらにまつわる、15のスローガン。

25
柴犬の意思

利のないものに従うなかれ

柴犬は、しつけが難しい犬種といわれます。なぜでしょう？

まず、柴犬がとても頑固な性格だということ。**指示されたことを無条件で受け入れるわけではなく、自分に利益があるかどうかをチェック**します。そのため、いったん「言うことを聞く必要はない！」と判断されると、指示を通すのは至難の業です。

次に、柴犬がなでられるのに喜びを感じにくい犬種であるということ。通常、犬をしつける際は、❶声がけ、❷スキンシップ、❸フード類の３つをご褒美とします。ところが柴犬の場合、❶と❷をご褒美だと思わない子がいるのです。そうなると、しつけはどうしても難しくなります。

とはいえ、**柴犬は本来とても賢いので、「オスワリ」などのトレーニングは難なく覚えてくれる**はず。この点は数ある犬種のなかでも優秀な部類に入ります。

難しいのは、警戒心を伴う行動に対するしつけ。初対面の人を前にしても落ちついていられるようにする、飼い主さんに安心して身を預けられるようになる、などは、教えるのに根気が必要です。

26 柴犬の意思

命令に従う一兵卒でなく、自ら考える将校たれ

柴犬は、クールでベタベタするのをよしとせず、自分の考えをしっかりもっている犬種。そこには、柴犬のルーツが猟犬であることが影響しています。

同じ猟犬でも、プードルなどは猟師の指示を待って、それに従って行動します。一方柴犬は、猟師と協力して獲物を追い立て、ともに仕留めていました。それは、**柴犬が自ら発想することができる**からこそ。

愛くるしい柴犬を見ていると、ついあれこれ世話を焼きたくなります。でも、人間だっていろいろ考えているのに、ベタベタと干渉されたらうっとうしくなりますよね？　それは柴犬だって同じ。**押さえつけられたら反抗したくなるのは当然**です。

柴犬の意思を尊重し、ある程度は本人（？）の好きにさせる。そのうえで、ダメなことをきちんと伝える。そんな風にメリハリをつけて接するのが、柴犬をうまくしつけるコツなのです。

27
柴犬と
触れ合い

なでてと尾を振る義理はなし

「犬とコミュニケーションをとろう」と思ったら、まずは頭や体をなでることからはじめますよね。多くの犬にとって、なでられることは至福！　なかには「なでて」とお願いしにくる子もいるでしょう。

　ところが、**柴犬は「触られるのが苦手」という子がほかの犬種より多め。**一説には、**柴犬をはじめとする日本犬は、神経の数が多く、敏感だから**ともいわれています。61ページで、なでられることがご褒美になりづらいとお伝えしたのは、これが原因です。**また、「ここならなでてもいいよ」、「今ならなでてもOK」など、気分にムラがあるのも柴犬ならでは。**さっきまでうっとりしていたのに、急に「触るな！」と声を荒げる、なんてこともあります。

　もちろん、「なでられるのが大好き！」という柴犬もたくさんいます。そういう子は、人の手によい印象をもっているのでしょう。一方、触られるのを拒否する子は、人の手に嫌な印象をもっているのかも。まずは〝手〟を好きになってもらうことからはじめましょう。

28 柴犬とお手入れ

君子ブラシに近寄らず

抜け毛が多く、換毛期は毎日のブラッシングが必須となる柴犬。ところが、柴犬はお手入れが苦手な子がとっても多いのです。その理由として、柴犬はそもそも触られるのが苦手な子が多いこと（65ページ）がひとつ。そして、**つかまれて行動を制限されるのを嫌う子が多い**のが最大の理由でしょう。散歩の後のお手入れも、足をガシッとつかまず、下から支えるようにして足を拭くと成功しやすいですよ。

そして、柴犬のお手入れのなかで最難関なのが、シャンプー。水に濡れるのを嫌がる子が多いのですから、それも当然ですね。

抜け毛が多い時期などには、トリミングサロンできれいにしてもらうのも一案です。

ちなみに、「暑そう」という理由から、バリカンを使ってサマーカットにする飼い主さんがいますが、これはNG。**犬の被毛には、外気の熱や紫外線から皮膚を守る役割がある**ので、逆効果になってしまいます。

29
柴犬と散歩

動かざること山のごとし

楽しい散歩中、柴犬が急に座りこんで動かなくなってしまうことがあります。柴犬はワンコのなかでもとくに頑固な性格の犬種なので、「断固拒否！」とふんばる子が多いよう。

この行動は、**「そっちは行きたくない！」という意思表示。多くの場合、道の先にワンコにとって何か怖いものがある**のでしょう。それは、バタバタと音を立てるのぼり旗、歩いたときの感触が不快なマンホール、大きな音が鳴る工事現場など、一見「そんなものが？」と意外に思うものかもしれません。また、ほかの犬に吠えられたなど、嫌な思い出のせいかも。

そのほか「**もう歩きたくない、抱っこして！」という要求の表れ**だったり、過去におやつをもらった記憶から「立ち止まればまたおいしいものが出てくるかも!?」なーんて調子のよいことを考えていたりする可能性もあります。

30
柴犬は吠える

先手必勝、吠えるが勝ち

柴犬と暮らす人がもっとも悩む問題行動のひとつが、「吠える」こと。チャイムの音にワン、初対面の人にワンワンッ！　実際、ほかの犬種とくらべ、柴犬はよく吠える子が多いのです。

これは、ある意味仕方がないこと。火や集落を守っていた縄文時代から、ほんの数十年前まで、柴犬は「番犬」としての役割を与えられ、不審なものに吠えることでご褒美をもらっていました。猟でも、獲物を追いこむために吠える必要がありますよね？　**吠えることは、古くから柴犬の仕事だった**のです。

吠えるのには、大きくふたつの種類があります。ひとつ目は**「警戒吠え」で、不審なものからなわばりを守るためのもの。**

これを改善するには、こちらが新しくルールを決めることが重要です。たとえば、チャイム音に対して吠えるなら、「チャイムが鳴ったらクレートに入る」と教えればよいのです。

もうひとつの「**要求吠え**」は、**その名の通り「ごはんが食べたい」、「遊んでほしい」などを、飼い主さんに要求する吠え方。**

こちらの対処法は、吠える前に対応するか、徹底無視するしかありません。

31 柴犬と病院

断じて医者の敷居またがず

動物病院が好き！　というワンコは少ないもの。体を拘束されてベタベタ触られ、かつ注射などで痛い思いをするわけですから、当然ですね。**柴犬は、触られたりつかまれたりするのが苦手な傾向があるため、病院が大嫌いな子がとくに多い**犬種といえます。

柴犬は比較的丈夫な子が多いですが、いくつか気をつけたい病気はあります。それに、ワクチンの接種や健康診断など、健康でも動物病院に行く機会は多いので、おやつなどを与えて、少しずつでも病院にならしていきましょう。

【柴犬が注意したい病気】

アトピー性皮膚炎

花粉、ハウスダスト、ダニなどのアレルゲンを吸入することで起こります。体にかゆみが出て頻繁にかくようになったり、皮膚が赤くなったりすることも。

膝蓋骨脱臼《しつがいこつだっきゅう》

ひざのお皿「膝蓋骨《しつがいこつ》」が、先天的な要因や落下事故などによって脱臼するというもの。足を上げたまま歩く、内股で歩くなどの症状が見られます。

白内障

先天性のもの、加齢によるものなどがあります。目の中の水晶体が白くにごる病気で、視野が狭くなり、放置すると失明に至ることも。

僧帽弁閉鎖不全《そうぼうべんへいさふぜん》

8歳以上の老犬によく見られます。心臓の中で血液の逆流を防ぐための「僧帽弁《そうぼうべん》」が機能しづらくなることで起こります。息切れや咳などがおもな症状で、一度発症すると完治は困難。

認知症

人間と同じように、犬も加齢に伴う脳の変化によって、行動などに障害が現れる「認知症」を発症します。柴犬はとくに注意が必要で、発症するとグルグルと旋回する、夜鳴きをする、トイレを失敗するなどが見られます。

32
柴犬の執着

オレのものはオレのもの

柴犬は、高い防衛本能を買われて人間と暮らすようになった犬種です。縄文時代はたき火や集落を、数十年前までは家を守る番犬として活躍しました。

その**〝守る〟気持ちは、今もなお健在**。今は室内で飼われている柴犬が圧倒的に多いですが、そこでも**〝何か〟を守ろうとする意識は働きます**。それは、お気に入りのおもちゃであったり、自分の部屋であるクレートであったりとさまざま。

では、外敵のいない室内で、いったい何者から守るのでしょうか？　お客さんがいない限り、敵は飼い主さんになりがち。執着したものにアプローチをかけた途端、うなる、吠えるなどして、応戦しようとするのです。

柴犬のうなり顔はなかなか迫力がありますが、放っておくと執着心は強まるばかり。できるだけ柴犬が執着しないうちに、もっとよいもの、たとえばおやつなどと交換しましょう。

33
柴犬と指示

聞こえぬのではない、聞かぬのだ

くり返し「オスワリ！」と指示を飛ばす人。それに対し、プイッとそっぽを向いて聞こえないふりをする柴犬……。柴飼いさんならば、何度も経験済みの光景ではないでしょうか。

気分にムラがあり、頑固で思うがままに行動する。そんな気質が合わさって知らんぷりを決めこむのでしょう。おやつを出した瞬間、ビシッとオスワリするちゃっかりなところも含め、柴犬の魅力ですね。

34
柴犬の気分

気がのらぬ日は無理をしない日

柴犬はとてもマイペースで気分屋さん。遊びたい気分、触れたくない気分などなど……。柴犬自身にしかわからない、気分のスイッチがあります。

そんな、ジェットコースターのような感情に合わせてじょうずに接するのも、柴犬と暮らす醍醐味ではありますが、ちょっとした問題に発展することも。さっきまでは楽しく遊んでいた柴犬が、トーンダウン。場合によっては、まったく指示に従わなくなることもあるのです。

そんなとき、意地でもいうことを聞かせようと、無理強いをするのはおすすめできません。**柴犬の気分のムラは、毎日ともに過ごし、観察するうちに読みとれるようになるもの**です。もちろん、振り回されすぎるのはNGですが、「今日はご機嫌ななめかな」と思ったら、少し放っておく時間をつくりましょう。そうすることで、気持ちが伝わる相手として、信頼してくれるようになりますよ。

35
柴犬は
かじる

そこに物があるから

目につく物をかじってしまう犬は多いもの。「歯がかゆいから?」、「ストレス?」なんて心配になりますが、答えは単純。**「そこに物があるから」**です。

なかには、**かじったときの飼い主さんの反応を楽しんでいる**子もいます。飼い主さんの「コラーッ!」を合図とし、スリッパをくわえて猛ダッシュ! こちらは真剣に怒っているのですが、ポジティブな柴犬にとっては楽しい追いかけっこの時間なのでしょう。

36
柴犬は
かむ

強がりの仮面をかぶって本気がみ

柴犬の問題行動として、柴飼いさんを「吠える」以上に悩ませるのが、「かむ」こと。かむ行為は大きく「甘がみ」と「本気がみ」の2種類があります。

そもそも、かむという行為は何が理由なのでしょう？　鼻の頭にシワを寄せ、険しい顔をしているのを見ると「イライラしている？」と思いがちですが、**実際は「恐怖心」がいちばん。柴犬はとくに警戒心が強く、自分を守ろうとする意識が高い犬種。**「叩かれた」、「押さえられた」など、人の手に嫌なイメージをもっている子だと、**「自分を守らなきゃ！」と焦って、反射的に本気でかんでしまう**のです。

もうひとつの「甘がみ」は子犬のころを中心に見られ、力の加減を覚えたり、さまざまな刺激を受けたりと意味があるもの。あまり痛くないので、放置してしまいがちですが、成犬になったときに、何でもかじるようになってしまうかも……。

37
柴犬と礼儀

初対面は礼節第一

柴犬は防衛本能が強い、というのは、くり返しお伝えしている通り。**警戒心が強いゆえに、人やほかの犬に対し、気を許すのに時間がかかります**。そのため、初対面の人や犬とのあいさつは、細心の注意が必要です。「自分の安心・安全を脅かさないかな?」と相手を警戒しているため、いきなり勢いよく来られるのは苦手。**「フレンドリーさよりも、礼儀や礼節を重んじる」というのは、日本人と同じ**ですね。

さて、基本的にワンコはケンカを極力避けようとする動物です。自分に敵意がある相手が現れても、いきなりかんだりせず、❶目線をそらすなどして、敵意がないことを伝える→❷うなって警告→❸歯をあてる→❹かむ、というように、ケンカに至るまでの順序を踏むもの。ところが柴犬は、❶から一気に❹に進む子が少なくありません。じつは柴犬は、接触が激しくなりやすい傾向があるのです。過去、ほかの人や犬に嫌なことをされた思い出があると、この傾向は強まります。

38
柴犬と
理不尽

諦めの悪い犬になろう

柴犬は、動物病院やトリミングサロンで延々と鳴き続ける犬種第1位！　洋犬の場合、嫌なことをされたとき、終わるまで黙って耐える子が多いものです。ところが、**柴犬は頑固で諦めが悪いのがアイデンティティー**。決して状況を受け入れず、「早く解放してくれ！」「助けてくれ！」と訴え続けます。**自分の理解が及ばないことをされたとき、柔軟な対応ができない犬種**といえるでしょう。

39
柴犬と病気？

仮病も柴犬のたしなみ

ちょっと足があたっただけで、「キャイン、キャインッ！」と鳴き声をあげ、大さわぎ！　ときには足を引きずって歩き、飼い主さんを恨めしげにじいっと見つめる……。最初は心配になりますが、よくよく考えると、「そんなに痛くなかったよね？」と首を傾げてしまいますよね。

この大げさにも思えるしぐさには、**痛みと驚きに加え、周囲に危険を知らせる意味も含まれています。**「とりあえず先に叫んでおいた」感じでしょう。足を引きずっていても、おやつを見せた瞬間飛びついてくるようなら、心配しなくても大丈夫。

なかには、そのまま**仮病を使うワンコもいます。**そうすることで「大丈夫!?」と構ってくれたり、おやつが出てきたりするのを待っているのです。そんな、かけ引きができる賢さも柴犬の魅力ではありますが、エスカレートしないよう、ご注意を。

もっと知りたい！

柴犬と心を通わせるための3か条

柴犬と仲よくなりたい！　そんな人に心に刻んでほしい3つの心得があります。

その1 全身を観察して気持ちを読みとろう

気持ちを知るにはどこを見ればよい？

❶ 行動

散歩や食事中などの行動を観察してみて。たとえば散歩中なら、「行きたくない」とふんばったり、楽しいときに早足になったりと、わかりやすくアピールしているはず。

❷ 鳴き声

犬は本来、鳴き声だけでコミュニケーションをとりませんが、飼い主さんの反応を得る有効な手段として、吠える犬は多いもの。基本的には、吠える回数や時間が長いほど、感情が高ぶっています。

❸ しぐさ

首を傾げる、体を振る、あくびをするなどのしぐさからも、感情を読みとれます。とくに、犬の「今」の感情がわかるカーミングシグナル（96ページ）は要チェック！

❹ 姿勢

何かに対峙したときの態度や寝姿からも気持ちは読みとれます。たとえばほかの犬に会ったとき、毛が逆立っていたら興奮している、腰が引けて尾を股に巻きこんでいたら怖がっているサインです。

犬が発している気持ちを読みとろう！

柴犬をはじめ、犬は本来、群れで暮らす動物。群れの仲間と円滑に暮らすには、自分の意思を伝え、コミュニケーションをとることが不可欠です。

人間と暮らす犬にとって、群れは家族になります。いっしょに暮らすなかで、愛犬は全身を駆使して、気持ちを伝えようとしてくれます。❶～❹をよく観察すれば、柴犬の気持ちが読みとれるようになるはずです！

気持ちをしっかり読みとってね！

その
2
4つの基本感情を理解しよう

どんな気持ちでしょう？

喜　楽

ポジティブな気持ち

おいしいごはんを食べたとき、大好きな散歩に行くときなどは、気分もハッピー！　全力疾走をしたり、飼い主さんの顔をなめたりし、全身で喜びを表現します。

怒　不安

ネガティブな気持ち

「不安」と、自分を守る気持ちからくる「怒り」の感情。柴犬は〝守る〟本能がとても強いので、自分を守ろうとして攻撃的になりやすい一面があります。

ネガティブな気持ちは自分を守るためのもの！

人間の感情は「喜怒哀楽」の4つで表現されますが、犬の場合、「哀」の代わりに「不安」が入るといわれています。たとえば留守番も、「寂しい」というより「何かあったら不安」という気持ちが強いよう。見なれないものには「不安」からうなるなどし、自分を守るために「怒り」をむき出しにします。

基本的にポジティブな考え方をする動物だといわれる犬のなかでも、柴犬は自分を守ろうとする気持ちが強く、ネガティブな感情が出やすい犬種。柴犬の「不安」を理解することは、仲よくなるうえで重要です。

その3

“距離感”を大切にしよう

居心地よく暮らすために適度な距離感をもとう

紹介した3か条のうち、その1とその2をおさえれば、柴犬の気持ちはほとんど理解できるようになるはず！　さらにステップアップし、「柴犬と心を通わせる」には“距離感”をくみとることが重要になります。

もちろん個体差はありますが、柴犬は一般的に、ベタベタしすぎることを好まず、だれに対してもほどよい距離感を保ちたがる傾向があります（88ページ）。「犬と仲よくなるのが得意」という人でも、柴犬だけは一筋縄ではいかない……ということがあるほど、その距離感は独特。それを無視して踏みこむと、柴犬に「この人といっしょにいると、居心地が悪いな」と思われてしまいます。

柴犬が「居心地がよい」と思う距離には、個体差があります。柴犬と接するときは、距離感を探りながら、気持ちを理解して対応しましょう。そうすれば、柴犬ともっと仲よくなれますよ。

4章

柴犬の社交術

柴犬と仲よくなりたい人必見！
柴犬ならではのコミュニケーション法に関する
9つのスローガン。

40
柴犬の
距離感
「柴距離」を心得よ

柴犬は、**人やほかの犬に対し、一定の距離を置きたがるところがあります。**その微妙な距離感は、柴フリークの間で「柴距離」と呼ばれています。

その**〝距離〟は、物理的な距離感と、心の距離感の両方を**さします。物理的なものでは、たとえば飼い主さんの手が届かないギリギリの場所で寝ている、仲のよいワンコ同士でも体2頭分くらい離れて座る、などが代表的。心の距離感は、名前を呼ばれても無視したり、楽しく遊んでいたのに急に冷めてしまったり……といった具合です。

この絶妙なツンデレ加減こそが、柴犬の魅力のひとつ！　柴犬自身も、そんな絶妙な距離感をくみとってくれる相手に、居心地のよさを感じるものです。

41
柴犬×柴犬

ごあいさつ、お尻とお尻でお知り合い

基本的に、**柴犬は柴犬同士や日本犬と仲よくなることが多い**です。距離感を大事にする柴犬にとって、無邪気に飛びついてくる洋犬はちょっぴり苦手な存在なのかも……。また、とくに**メスの場合、繁殖のことを見据え、血統を守りたいという意識から、洋犬となれ合わないのではないか**という説もあります。

ところで、犬同士のあいさつには、お尻のにおいをかぎ合う

方法があります。お尻のまわりには臭腺があり、「肛門腺」と呼ばれる分泌物が出ます。**肛門腺は情報の宝庫。肛門腺のにおいを確認することで、相手がどんな犬かを知る**のです。無防備なお尻をかがせることで、相手に「ケンカする気はないよ」と伝える意味もあります。

なお、異性同士やメス同士は比較的仲よくなれる傾向にあります。オス同士は、なわばり意識が非常に強いため、ぶつかることが多いよう。とはいえ、こういった相性は個体差が大きく、相手をお気に召すかどうかはワンコしだいなので、交友関係は本人（？）に任せておきましょう。

42 柴犬×犬

かんで深まる仲もある

犬同士が、「ガウガウ！」と吠えたりかみ合ったりする姿を見ると、「ケンカ!?」と焦ってしまいますね。とくに柴犬のガウガウは、ほかの犬種とくらべて激しいことが多いので、最初は驚いてしまうかもしれません。

しかしこれは、**とっ組み合いをしながら軽くかみ合う、犬同士の遊びのひとつ**なので、心配しなくても大丈夫ですよ。

ただし、片一方が嫌がるような素振りを見せた場合は、間に入って止めたほうがよいかも。

一般的に、**じゃれ合いは子犬のころから、親やきょうだい間で行われるもの。その際、強くかんだりしつこくしたりすると、相手が嫌がって遊びが終わってしまいます。ワンコはその経験から、遊びの力加減を学ぶのです。**

ところが親元から早い段階で引き離されると、犬はその加減を学べません。すると、かむ力が強くなりすぎたり、遊びの引き際がわからなくなったりして、じょうずに遊べなくなってしまうのです。

ねぇねぇっ

43
柴犬×犬・人

ケンカは売るな、波風は立てるな

警戒心が強く、敵が近づいてきたときに自分を守るために戦うのが柴犬です。結果だけ見ればケンカっ早い印象を受けますが、決して自分からしかけているわけではなく、守ろうとした結果、やむなくケンカになっているだけ。しなくてもよい戦いなら、できるだけ避けたいのが柴ゴコロなのです。

では、「不要なバトルを避けたい！」と思ったワンコはどうするのでしょう。正解は、**自分のスタンスを伝え、相手を落ちつかせるためのサイン**（**非音声的言語**）**を出す**のです。**このサインは「カーミングシグナル」と呼ばれ、すべての犬に生まれつき備わっています。**

現在確認されているカーミングシグナルは、30個近くあるといわれています。カーミングシグナルを覚えることで、愛犬の〝今〟の感情をより正確に読みとれるようになるはず！　96ページより、代表的なものを紹介します。

これもカーミングシグナル！

SHIBA COLUMN

代表的なカーミングシグナル

犬のカーミングシグナルのうち、
よく見られるものを6つ紹介します!

シグナル 1

体をかく

緊張して縮んだ体をかいて、全身をほぐしています。また、緊張をほぐすしぐさを相手に見せることで、争いを避けようとする意図も。なお、頭や体をブルブル振るのも似た意味をもちます。

シグナル 2

顔を背ける

そっぽを向いて目線を合わせないのは、相手に対して敵意がないことを示すしぐさです。反対に、目を合わせるのは「戦うぞ!」という意思表示の可能性が。

シグナル 3

鼻をなめる

「何だか嫌な雰囲気だな」というときにストレスを回避しようとして行うしぐさです。また、緊張すると鼻が乾くので、なめて潤しているという説も!

シグナル 4

あくびをする

人間の「深呼吸」に近い行動で、緊張や高ぶる気分を落ちつけようとしたり、また、相手をリラックスさせたりするためのしぐさです。もちろん、単純に眠いだけ、という可能性もあります。

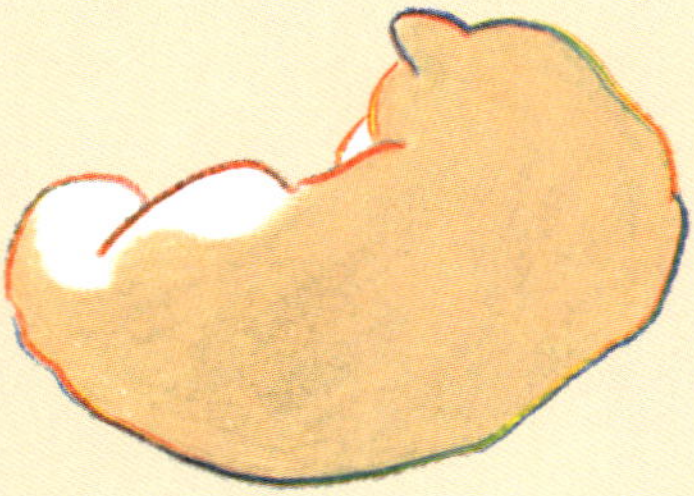

シグナル 5

背中を見せる

くるりと背中を見せるのは、「あなたと戦う意思はないよ」というサイン。ちなみに飼い主さんに背中を見せるのは「なでて」の意味もあります。

シグナル 6

円を描くように近づく

カーブを描いてのんびり近づくのは、「落ちついてコミュニケーションをとろう」というサイン。相手に一直線に向かうと、遊びやケンカがはじまります。

44
柴犬×犬・人

開いた口は ハッピーのしるし

テンションMAXな柴犬が、口を大きく開けて歯をむき出しにし、顔に向かってくる……！犬が苦手な人にとっては「かまれる!?」と少々恐ろしい光景ですが、柴犬にそのつもりはありません。ガウガウ遊び（92ページ）にも通じますが、**遊んでいるときや楽しいときに自然と口を開けてしまうのは、柴犬の本能**なのです。

ところで、遊んでいるときに、体をあお向けにして口を大きく開け、手に歯をあててくることがあります。お腹を見せていることからもわかるように、敵意はゼロで、むしろ「かむつもりはないよ、遊ぼう！」と誘っているのです。まれに、興奮して、甘がみをしてしまうこともありますが、痛みはほとんどないはず。その後は、かんだところをペロペロなめて「かんでな〜いもんっ」とごまかす姿が見られるかも！

遊び疲れたら寝るっ！

45 柴犬×人

つねに場の主役であれ

柴犬に限らず、**犬は自己中心的な性格。「世界の中心は自分だ！」という気持ちがあります。**飼い主さんの意識が自分から外れたり、見ていないところで何かが行われるのは気に入らない！　たとえ寝転んでいても、耳や目だけを動かして状況をチェック、なんてことも。

ちなみに**犬は「永遠の2歳児」といわれています。**知能レベルを称したものですが、人間も2歳くらいの子は「かまって」とアピールしたり、いたずらをしたりすることがあります。そんなところも2歳児といわれる理由かも！

46
柴犬×人

子どもには近づくべからず

柴犬に好かれるのはどんな人でしょう？　ワンコの性格に個体差がある以上、一概にはいえませんが、**「メリハリをつけて接することができる人」は信頼を得やすい**です。気分にムラがある犬種なので、ときに遊び、ときに距離を保ってくれる人に居心地のよさを感じます。

反対に、犬が**苦手とするのが「子ども」。次の動きが読みづらく、適度な距離感を保つことが難しいから**です。

47
柴犬×人

されるがままは信頼のあかし

SNSなどで柴犬を見ていると、穏やかで、飼い主さんの指示をきちんと聞ける子がたくさんいます。「柴犬ってしつけが難しくて神経質なんじゃないの？」と疑問に思う人もいるかもしれませんね。

じつは、**柴犬は警戒心が強い「キャンキャンタイプ」と穏やかな「のんびりタイプ」に2極化する傾向がある**のです。

のんびりタイプの子は、柴犬のクールで頑固な面はもちつつ、家庭犬として飼い主さんに信頼を寄せると、とても穏やかな性格に。もちろん柴犬なので、**機嫌がよい日、という制限はありますが、「飼い主さんになら何をされても気にしないよ」という子も少なくない**のです。

性格は、生まれもった個体差や、子犬のころの環境も影響しますが、何よりも日々の接し方としつけが大切。「キャンキャンタイプ」は、警戒心と防衛本能が強く、野生に近い気質。「家は安全で、わたしに任せれば大丈夫だよ」と伝え、お家で仲よく暮らすためのルールを根気強く教えてあげてくださいね。

48
柴犬×あなた

人は柴犬のために、柴犬はあなたのために

さて、柴犬による48のスローガンも、いよいよラストとなりました。これまで読んできて、柴犬についてどのような印象をもちましたか?

賢くて勇敢で、ツンデレ。指示に従うかを気分やメリットで決めたり、仮病を使ったりするずるいところがあって、だけどおやつで嫌なことを忘れてしまう単純さがあって。柴好きさんは、柴犬のよいところも、少しだけ困ったところも、ぜーんぶひっくるめて愛しいと思えるのでしょう。

柴犬は、とても愛情深い犬種です。困った行動も多く、根気強くしつけをする必要はありますが、**人が手をかけた分だけ、かならず愛情を返してくれる、律儀な犬なんです。**信頼関係を築くことができれば、どんな犬種にも劣らない、素敵なパートナーになってくれますよ!

これからも
よろしくね

SHIBA CHART

チャートで診断！

もしもあの柴《こ》が社会人だったら？

人間味にあふれる柴犬が、もしも社会人だったら？
実力を発揮できそうな職業を診断！　愛犬や知り合いの柴でぜひチャレンジしてみて。

［ ← YES　←… NO ］

START

知らない人になでられても落ちついていられる

目を合わせると顔を背ける

お腹を見せて眠ることはほとんどない

してはいけないと教えたことは守ろうとする

散歩中は柴犬が先導して歩くことが多い

ほかの犬に会うと吠えたり迎撃態勢をとったりする

知らない人には近寄らない、または吠え続ける

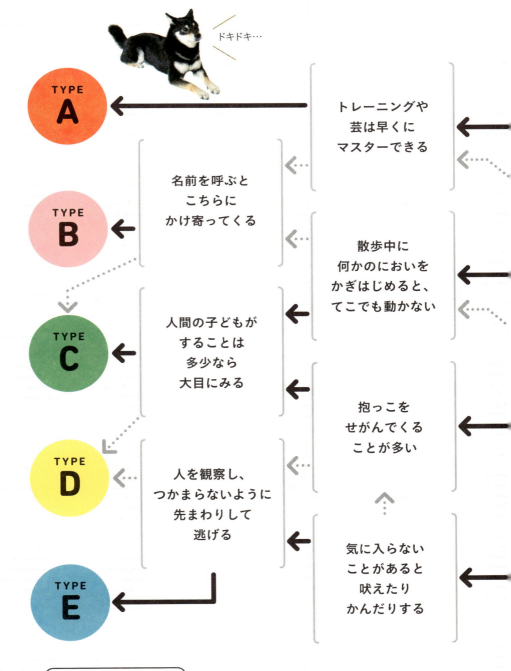

トレーニングや
芸は早くに
マスターできる

散歩中に
何かのにおいを
かぎはじめると、
てこでも動かない

抱っこを
せがんでくる
ことが多い

気に入らない
ことがあると
吠えたり
かんだりする

名前を呼ぶと
こちらに
かけ寄ってくる

人間の子どもが
することは
多少なら
大目にみる

人を観察し、
つかまらないように
先まわりして
逃げる

TYPE A

TYPE B

TYPE C

TYPE D

TYPE E

診断結果は次のページで！

診断結果をチェックしよう

あの柴《こ》が社会人なら、こんな職業に!?

A いつもにこにこエリート!
パワフル営業タイプ

しつけやトレーニングをすぐに理解し、知らない人とも打ち解けられるタイプなので、社会人だったら、出世街道まっしぐらのスーパーエリートになっていること間違いなし! 飼い主さんとの関係も良好ですが、がんばりすぎてストレスを溜めないように気をつけて。

だいふく&

みくはこのタイプ!

B 笑顔を見ると元気になれる!?
モテモテ受付タイプ

自分からガツガツ行くタイプではありませんが、甘えじょうずで愛嬌よし、顔を見ると元気になれる! 社会人だったら、老若男女をとりこにする受付になれちゃうかも♥ トレーニングを覚えられない、なんてところも「かわいい!」と思えるアイドル犬です。

ゆきはこのタイプ!

C のんびり我が道をゆく…
コツコツ職人タイプ

穏やかですが、マイペースなところがあり、我が道を突き進む性格です。社会人なら、自分のペースでコツコツ仕事をする職人さんといったところ。落ちついていて、いっしょに暮らしやすいですが、距離をとりすぎると飼い主さんとの関係が希薄になってしまうかも。

D だまってオレについてこい！
ワンマン社長タイプ

自信に満ちていて、「家族のリーダーはオレだ！」と威張りんぼう。社会人なら、ワンマンで会社を経営する社長といったところでしょう。ワイルドでイキイキとしていますが、わがままで、飼い主さんのいうことはなかなか聞いてくれず、しつけの難易度が高めです。

E 何人たりとも近づかせぬ！
ビクビク警備員タイプ

警戒心がとても強く、ちょっぴり臆病で、何かを守ろうとする意識が高いタイプ。優秀な番犬として活躍するであろう様は、警備員にぴったり！　ですが、飼い主さんに対しても心が休まっていない可能性があります。少しずつでも距離を縮めていきましょう。

この本では、柴犬たちの写真とともに、
「柴犬による柴犬のためのスローガン」をご紹介しました。
みなさま、どのような感想をおもちになりましたか?

かわいい柴犬のお顔に隠された、強い意志を感じたり。
柴犬のルーツにフムフムとうなったり。
「どうだ!」と掲げられたスローガンに苦笑いしたり。
柴飼いさんは、うちの子を思い浮かべて「そうそう!」とうなずいたり。

いろいろな楽しみ方をしてくださったことと思います。

柴犬は、とても奥が深い犬種です。
もしかすると、あなたのそばにいる柴犬には、
まだまだ言い足りないことがあるかもしれません。
ぜひ、48のスローガンを頭の片隅に置いて、柴犬と接してみてください。
あなただけに、49こ目のスローガンを教えてくれるかもしれませんよ。

SPECIAL THANKS!

本書を制作するにあたり、多くの柴犬、柴飼いさんにご協力いただきました。【敬称略、順不同】

みく

@9648miku

だいふく

@daifuku_channel

blog https://ameblo.jp/daifuku-channel/

ゆき

@chunchan10

こたつ

@vo_co

けんしろう、ゆりあ

@nerishiro

blog http://iamken46.exblog.jp/

くるみ

@kurukurukurumi222

きなこ

@kinakorin

りゅうじ

@ryuji513

ゆう、とろ（猫）

@yuandtoro

blog http://ameblo.jp/yuandtoro/

めろん

@gomashibameron

blog http://ameblo.jp/shibameron/

ひより

@yumohiyo

チャーミー

@shiba_charmy

参考文献 『犬語レッスン帖』（大泉書店）、『犬の日本史―人間とともに歩んだ一万年の物語』（吉川弘文館）、『柴犬飼い方・しつけ・お手入れ』（西東社）、『柴犬のひみつ』（山と渓谷社）、『まるごと柴犬BOOK』（永岡書店）

監修　井原 亮

SKYWAN! DOG SCHOOL代表取締役。家庭犬しつけインストラクター、日本ペット＆アニマル専門学校講師。グループレッスンをはじめとし、犬の保育園や問題行動トレーニング、パピーパーティ、出張レッスン、しつけ相談会、各種イベント開催など、活動は多岐にわたる。『犬語レッスン帖』（大泉書店）などの書籍や、雑誌、テレビ番組ほか、さまざまなメディアでの監修実績がある。

STAFF

デザイン・DTP	細山田デザイン事務所（室田 潤）
写真	布川航太
イラスト	寺岡奈津美
DTP	有限会社エムアンドケイ
撮影協力	studio mon 尾山台スタジオ
編集協力	株式会社スリーシーズン（朽木 彩）

シバイヌ主義
ぼくたちは、ダンコとしてシバイヌです

2019年8月23日　発行

監修者	井原 亮
発行者	佐藤龍夫
発行所	株式会社大泉書店 〒162-0805　東京都新宿区矢来町27 電話　03-3260-4001（代表） FAX　03-3260-4074 振替　00140-7-1742 URL　http://www.oizumishoten.co.jp/
印刷所	半七写真印刷工業株式会社
製本所	株式会社 明光社

ISBN978-4-278-03939-9　C0076　R57